BEI GRIN MACHT SICH IHR WISSEN BEZAHLT

- Wir veröffentlichen Ihre Hausarbeit, Bachelor- und Masterarbeit

- Ihr eigenes eBook und Buch - weltweit in allen wichtigen Shops

- Verdienen Sie an jedem Verkauf

Jetzt bei www.GRIN.com hochladen und kostenlos publizieren

GRIN ☺

Bibliografische Information der Deutschen Nationalbibliothek:

Die Deutsche Bibliothek verzeichnet diese Publikation in der Deutschen National-
bibliografie; detaillierte bibliografische Daten sind im Internet über http://dnb.d-
nb.de/ abrufbar.

Impressum:

Copyright © 2008 GRIN Verlag, Open Publishing GmbH
Druck und Bindung: Books on Demand GmbH, Norderstedt Germany
ISBN: 978-3-668-15612-8

Dieses Buch bei GRIN:

http://www.grin.com/de/e-book/113146/die-bedeutung-des-nationalstaates-im-
zeitalter-der-globalisierung

Yvonne Studtfeld

Die Bedeutung des Nationalstaates im Zeitalter der Globalisierung

Das transnationale Unternehmen als Indikator

GRIN Verlag

GRIN - Your knowledge has value

Der GRIN Verlag publiziert seit 1998 wissenschaftliche Arbeiten von Studenten, Hochschullehrern und anderen Akademikern als eBook und gedrucktes Buch. Die Verlagswebsite www.grin.com ist die ideale Plattform zur Veröffentlichung von Hausarbeiten, Abschlussarbeiten, wissenschaftlichen Aufsätzen, Dissertationen und Fachbüchern.

Besuchen Sie uns im Internet:

http://www.grin.com/

http://www.facebook.com/grincom

http://www.twitter.com/grin_com

Christian-Albrechts-Universität zu Kiel

Geographisches Institut

Hauptseminar „Regionale Cluster in globalen Produktionsnetzwerken"

Wintersemester 2007/08

Die Bedeutung des Nationalstaates
im Zeitalter der Globalisierung:
Das Transnationale Unternehmen als Indikator

Seminararbeit

vorgelegt von:

Yvonne Studtfeld

Datum der Fertigstellung: 01.02.2008

Gliederung

1. Einleitung

Bereits vor über 30 Jahren postulierte Charles P. Kindleberger, dass die Tage des Nationalstaates als ökonomisch bedeutsame Einheit gezählt seien (Hu: 1992, 108), und bis heute ist der Bedeutungsverlust des Staates eine häufig vertretene These geblieben. So formuliert Dirk Messner (2004, 20):

> The new world economy is marked by competition between local clusters [...], global cities [...], global city regions [...] and global value chains [...] that no longer know national boundaries.

Dabei wird die Entstehung und Entwicklung transnationaler Unternehmen (TNU) häufig als Argument für das angebliche Ende der wirtschaftlichen Bedeutung von Nationalstaaten herangezogen:

> It has been the rise of the TNC [transnational corporation] – especially of the massive ´global´ corporation – that is seen to pose the major threat to the autonomy of the nation-state (Dicken: 2003, 198).

Daher wird in dieser Hausarbeit die Bedeutung von Nationalstaaten in der globalen Wirtschaft anhand transnationaler Unternehmen untersucht. Zunächst wird auf die Bedeutung des Nationalstaates im Allgemeinen eingegangen, um anschließend seine Rolle für transnationale Unternehmen zu bewerten.

2. Die Globalisierung und der Nationalstaat

2.1 Begriffsklärung

Der Titel dieses Kapitels enthält gleich zwei Begriffe, die heutzutage so selbstverständlich verwendet werden, dass eine nähere Betrachtung ihrer Bedeutung lohnt. ´Globalisierung´ — Was versteckt sich hinter dem Modewort der Jahrtausendwende? Bereits das Wort für sich macht deutlich, dass es sich hierbei nicht um einen Zustand, sondern vielmehr um einen Prozess handelt. Im Gegensatz zu Internationalisierungsprozessen, die lediglich eine quantitative Ausweitung der grenzüberschreitenden Aktivitäten bezeichnen, beinhalten Globalisierungsprozesse zusätzlich eine qualitative Veränderung der funktionalen Verflechtung solcher Aktivitäten (Dicken: 2003, 12).

Der Begriff „Nationalstaat" vereint zwei Begriffe, die Peter Dicken (2003, 123) folgendermaßen definiert:

> o A *state* is a portion of geographical space within which the resident population is organized (i.e. governed) by an authority structure. States have externally recognized sovereignty over their territory.
>
> o A *nation* is a ´reasonably large group of people with a common culture, sharing one or more cultural traits, such as religion, language, political institutions, values, and historical experience [...]´

Während der ´Staat´ demnach einen rein territorialen Begriff darstellt, bezieht sich die ´Nation´ auf eine Gruppe von Menschen, welche die gleiche Kultur teilen. Setzt man beide Begriffe zusammen, bezeichnet der ´Nationalstaat´ also einen bestimmten Raum, der unter einer gemeinsamen Regierung steht und dessen Einwohner eine Kultur teilen[1]. Dies ist eine wichtige Erkenntnis, da besonders verschiedene Regierungen und Kulturen grenzüberschreitende wirtschaftliche Aktivitäten erschweren: „operating across national boundaries, rather than within a single nation, poses additional problems of coordination and control" (Dicken: 2003, 213).

2.2 Historische Entwicklung

Historisch gesehen hat der Nationalstaat eine bedeutende Rolle in der wirtschaftlichen Entwicklung aller Länder gespielt (Dicken, 2003: 122), und bis heute beeinflussen nationale Regierungen den eigenen sowie den globalen Markt in variierender Intensität.

Im Zuge der Globalisierung sind geographische Entfernungen von Gütern, Personen und Informationen heute leichter zu überwinden als jemals zuvor. „Seit 1920 sanken die Kosten für Seefracht um rd. 2/3, für Flugreisen um 84%, für Übersee-Telefonate um 99%" (Suntum: 2007, 119). Auch die Staatsgrenzen sind aufgrund internationaler

---

[1] Hier bestehen selbstverständlich zahlreiche Ausnahmen, beispielsweise Einwanderergruppen aus anderen Kulturkreisen.

Organisationen und Bündnisse wie beispielsweise der Welthandelsorganisation, der NAFTA oder der EU durchlässiger für mobile Produktionsfaktoren geworden. Innerhalb der EU ist der Austausch von Waren, Dienstleistungen und Kapital (durch die gemeinsame Währung) quasi grenzenlos möglich und auch die Arbeitskraftmobilität hat sich wesentlich erhöht (Suntum: 2007, 119). Durch den technologischen Fortschritt im Bereich der Informations- und Kommunikationstechnologie kann insbesondere kodiertes Wissen heutzutage kostengünstig und schnell ausgetauscht werden.

2.3 Es lebe der Staat!

Es kann kaum bezweifelt werden, dass sich die Position des Nationalstaates unter dem Einfluss der Globalisierung verändert. Dennoch stellt Dicken ganz klar fest: „The state remains a most significant force in shaping the world economy" (Dicken, 2003: 122).

Die Gründe dafür sind vielfältig. Der Staat übernimmt nach wie vor eine regulierende Funktion in der Handels- und Wirtschaftspolitik. Neben zentralen Bereichen wie der Erhebung von Steuern und der Festlegung von Handelsbeschränkungen, „kann bei der Art und Höhe der Festsetzung der sog. Lohnnebenkosten der Einfluß von Regierung und Parlament beträchtlich sein" (Lemper: 1994, 15). Weiterhin sind Rechtssysteme national organisiert. Diese definieren beispielsweise in vielen kapitalistischen Staaten den Privatbesitz und verschaffen ihm Geltung (Whitley: 1998, 454). Auch Bereiche der Infrastruktur — zum Beispiel Bildungswesen, Verkehrsinfrastruktur und Energieangebot — werden wesentlich von nationalen Regierungen beeinflusst. Besondere Bedeutung für Unternehmen können, je nach Branche, auch staatlich festgesetzte Subventionen oder Umweltstandards haben. Zudem wirken sich Produktionsstandorte „vor Ort" positiv auf das Image und das Kaufverhalten der Konsumenten aus. Ein weiterer Aspekt, der zwar nicht an Nationalstaaten *ge*bunden, aber doch eng mit ihnen *ver*bunden ist, ist die Kultur, denn der Nationalstaat fungiert als eine Art ´Behälter´, in dem sich verschiedene Handlungsweisen entwickeln (Dicken: 2003, 226). Vorherrschende Normen und

Werte werden durch die Mitarbeiter in die Unternehmen getragen und beeinflussen diese. Dies mag besonders bei den Entscheidungsträgern in der Unternehmensspitze einleuchten, doch auch der Umstand, ob Hilfsarbeiter bereit sind in Schichten und am Wochenende zu arbeiten kann die Unternehmenspolitik wesentlich beeinflussen. Mit der Globalisierung haben grenzübergreifende Kontakte zugenommen, und auch die internationalen Verflechtungen von TNU tragen zu einem gewissen Grad dazu bei, die Bindung kultureller Eigenschaften an einen bestimmten Raum aufzuweichen.

> Als kollektive Phänomene sind Kulturen [...] *per definitionem* zuallererst mit Interaktionen und sozialen Beziehungen verbunden und nur indirekt und ohne zwingende Notwendigkeit mit bestimmten Gebieten im physischen Raum. Je weniger soziale Beziehungen innerhalb territorialer Grenzen auf einen bestimmten Raum beschränkt sind, desto weniger gilt das auch für die Kultur (Mense-Petermann: 2005, 184).

Die Wichtigkeit des Nationalstaates im Bereich der Kultur könnte also tatsächlich aufgrund des Anstiegs von grenzübergreifenden Kontakten abgenommen haben. Es wäre möglich, dass stattdessen Regionen einen Teil der Kulturfunktion von den Nationalstaaten übernommen haben. Somit würden sie die Unternehmen mit prägen und sich beispielsweise auf deren Organisationsstrukturen auswirken:

> Where regional governments, financial institutions, skill development and control systems and broad cultural norms and values are distinct from national ones and able to exert considerable discretion in the economic sphere, we would expect distinctive kinds of economic organization to become established at the regional level (Whitley: 1998, 455).

Als Regionen im größeren geographischen Maßstab können beispielsweise Nordamerika, mit der NAFTA als staatenübergreifender Wirtschaftsinstitution oder die Europäische Union in Europa betrachtet werden. Auch wenn über die eventuelle Abgabe eines Teils der Kulturfunktion an Regionen hier nur Vermutungen angestellt werden können, so soll doch etwas zu dem Verhältnis Staat und Region bezüglich der Regulierungsfunktion gesagt werden. Obgleich in der EU einige regulierende

Funktionen von staatsübergreifenden Institutionen übernommen werden, werden diese Regelungen doch nach wie vor im Konsens der Mitgliedsstaaten ausgehandelt. Die Regulierungsfunktion wird also nicht abgegeben, sondern vielmehr staatenübergreifend in internationaler Zusammenarbeit erfüllt. Zudem behält jeder einzelne Staat über die gemeinsamen Regelungen hinaus eine Vielzahl an individuellen Besonderheiten. Für die Zukunft wäre eine Dominanz der Region EU über die einzelnen Mitgliedsstaaten denkbar:

> If, for example, owners, managers, unions and other organized groups became structured at a European level, together with the emergence of a European state that dominated national and regional political systems and established standardized labour and financial systems across Europe, we would expect nationally distinct business systems to become less significant than the emerging European form of economic organization (Whitley: 1998, 456).

Derzeit gibt es jedoch keine Anzeichen dafür, dass die Mitgliedsstaaten bereit wären ihre Kompetenzen derart weitreichend aufzugeben. Obwohl die Region eine mehr oder weniger wichtige Rolle in ökonomischen Systemen einnehmen kann, behält der Staat also bis heute eine übergeordnete Funktion: „business systems are more national than regional" (Whitley: 1998, 456)[2].

3. Das „heimatlose" transnationale Unternehmen?

„A transnational corporation is a firm that has the power to coordinate and control operations in more than one country" (Dicken, 2003: 198)[3]. Transnationale Unternehmen verfügen über ein relativ hohes Potenzial zur Standortveränderung, denn:

---

[2] Whitley trifft diese Aussage für das späte 20te Jahrhundert. Da sich die Faktoren, welche auf die Wirtschaftssysteme einwirken jedoch nur sehr langsam verändern (vgl. Whitley: 1998, 450), scheint es angemessen, seine Schlussfolgerung auf das beginnende 21te Jahrhundert zu erweitern.
[3] In der Fachliteratur wird diese Definition teilweise auch enger gefasst, oder es wird zwischen Multinationalen und Transnationalen Unternehmen unterschieden (z.B. Pries: 1999, 10). Da der Übergang jedoch fließend ist und sich eine Kategorisierung somit schwer vornehmen lässt, wird in dieser Arbeit die oben genannte Definition von Peter Dicken zu Grunde gelegt.

Mobilität – begriffen als Potenzial – ist gegeben, wenn es aus der Sicht des Unternehmens mehrere betriebswirtschaftlich [...] potenziell in ähnlicher Weise rentable Standortalternativen gibt (Wortmann et al., 2004: 175).

Diese Mobiltät ist bei Transnationalen Unternehmen relativ hoch, da Standorte in verschiedenen Ländern in Frage kommen. Bis in die 70er Jahre wurden Arbeitsplätze im Ausland von deutschen Unternehmen meist entweder zusätzlich geschaffen, oder aber es standen firmenintern oder zumindest in der Region alternative Arbeitsplätze zur Verfügung (Wortmann et al., 2004: 182). Besonders vor dem Hintergrund hoher Arbeitslosigkeit, wie beispielsweise in Deutschland, werden Produktionsverlagerungen zu einer Bedrohung für die Beschäftigten. Ihre grenzüberschreitende Mobilität verleiht den TNU nun eine erhebliche Machtposition gegenüber dem Staat.

Dabei wird angenommen, dass diese Macht der multinationalen Unternehmen in den letzten Jahren erheblich zugenommen hat - und dadurch zu einer grundlegenden Veränderung [...] nationaler Wirtschafts- und Sozialpolitik geführt hat (Wortmann et al., 2004: 175).

Demnach würden also nicht nur Firmen im globalen Wettbewerb stehen, sondern auch Staaten in einen globalen Standortwettbewerb eintreten. Ihre Rolle bestünde dann darin, attraktive Standortbedingungen für TNU zu schaffen:

Ebenso wie die nationale Politik versuchen muß, auf verschiedenste Weise die inländische Investitionstätigkeit anzuregen, um Wachstum und Beschäftigung zu gewährleisten, so muß sie jetzt versuchen, attraktive Investitionsbedingungen für das internationale Kapital zu schaffen. Sind diese Investitionsbedingungen im internationalen Vergleich unattraktiv, so werden die ausländischen Investitionsströme an dem Land vorbeiziehen und nationales Kapital wird ausländische Standorte den inländischen vorziehen (Lemper: 1994, 14).

Die Macht der TNU gegenüber dem Staat erhält jedoch einen Gegenpol durch die Tatsache, dass nationale Bindungen auch unter TNU durchaus eine Rolle spielen, diese also keineswegs als „heimatlos" zu bezeichnen sind.

Far from being the 'placeless' organizations often claimed, TNCs continue to reflect many of the basic characteristics of the home country environments in which they remain strongly embedded, despite the growing extent of their transnational operations (Dicken, 2003: 199).

Um diese Behauptung zu untermauern, werden im Folgenden eine quantitative und eine qualitative Betrachtung der nationalen Bindung von transnationalen Unternehmen durchgeführt.

3.1 Quantitative Betrachtung

Aus dem Transnationalitätsindex (TNI) eines Unternehmens lässt sich ableiten, wie international es ausgerichtet ist. Der TNI ergibt sich aus dem Mittel aus Auslands- und Gesamtvermögen, Auslands- und Gesamtumsatz, sowie dem Mittel aus im Ausland Beschäftigten und der Insgesamt Beschäftigten eines Unternehmens. Der TNI der 100 weltweit führenden transnationalen Unternehmen ist in Tabelle 1 dargestellt. Immerhin die ersten 57 Unternehmen in der Rangliste erreichen einen TNI von über 50, sind also nach den im Index berücksichtigten Kriterien stärker im Ausland tätig als in ihrem Heimatland. Der durchschnittliche TNI aller hier dargestellten Unternehmen liegt mit 52,6 auch noch knapp zugunsten der Auslandsaktivitäten. Allerdings rechtfertigt das Ausmaß der Auslandsaktivitäten der wenigsten TNU die Annahme, dass das Ursprungsland des Unternehmens bedeutungslos geworden sein könnte. Nur 16 TNU weisen einen Index über 75 auf. Dicken schlussfolgert: „On this measure, therefore, there is little evidence of TNCs having the share of their activities outside their home countries that might be expected if they were global firms" (Dicken: 2003, 224).

Tabelle 1   Wie 'global' sind die Top 100 der transnationalen Unternehmen?

TNI Rank	Index	Company	Country	Industry	Foreign share of Assets (%)	Empl. (%)
1	95.4	Thomson Corp.	Canada	Publ'g and printing	98.6	92.5
2	95.2	Nestlé	Switzerland	Food/beverages	89.9	97.2
3	94.1	ABB	Switzerland	Electrical equipt	88.2	96.3
4	93.2	Electrolux	Sweden	Electrical	92.9	90.4
5	91.8	Holcim	Switzerland	Constr. materials	91.9	93.4
6	91.5	Roche Group	Switzerland	Pharmaceuticals.	90.4	85.6
7	90.7	BAT	UK	Food/tobacco	84.0	96.8
8	89.3	Unilever	UK/Neths	Food/beverages	90.4	90.5
9	88.6	Seagram Company	Canada	Beverages/media	73.1	..
10	82.6	Akzo Nobel	Netherlands	Chemicals	85.0	81.0
11	82.4	Nippon Oil Co.	Japan	Petroleum	88.7	74.5
12	81.9	Cadbury–Schweppes	UK	Food/beverages	88.8	79.7
13	79.4	Diageo	UK	Beverages	69.3	82.6
14	78.3	News Corporation	Australia	Media	61.2	72.5
15	76.9	L'Air Liquide Grp	France	Chemicals	..	..
16	76.6	Glaxo Wellcome	UK	Pharmaceuticals	70.2	74.1
17	73.8	Michelin	France	Rubber/tyres	..	..
18	73.7	BP	UK	Petroleum	74.7	77.3
19	72.5	Stora Enso OYS	Finland	Paper	..	..
20	71.6	AstraZeneca	UK/Sweden	Pharmaceuticals	37.3	83.3
21	70.3	TotalFina	France	Petroleum	..	67.9
22	68.0	ExxonMobil	USA	Petroleum	68.8	63.6
23	67.8	Danone Groupe	France	Food/beverages	62.9	..
24	67.1	McDonald's Corpn	USA	Eating places	57.6	82.8
25	65.6	Alcatel	France	Electronics	52.1	74.1
26	65.2	Coca-Cola	USA	Beverages	83.3	..
27	64.7	Honda	Japan	Automobiles	58.4	..
28	63.8	Compart Spa	Italy	Food	..	68.2
29	62.2	Montedison Group	Italy	Chemicals	..	71.7
30	61.4	Volvo	Sweden	Automobiles	..	53.4
31	60.9	Ericsson	Sweden	Electronics	44.5	57.4
32	60.9	BMW	Germany	Automobiles	69.1	40.1
33	60.2	Bayer	Germany	Chemicals	58.0	53.2
34	60.2	RTZ	Australia/UK	Mining	61.2	62.5
35	59.9	Philips	Netherlands	Electronics	76.2	..
36	59.2	BASF	Germany	Chemicals	57.0	44.4
37	58.9	Bridgestone	Japan	Rubber/tyres	44.6	69.0

| | TNI | | | | Foreign share of | |
| | | | | | Assets | Empl. |
Rank	Index	Company	Country	Industry	(%)	(%)
38	58.2	Renault	France	Automobiles	..	..
39	57.5	Crown Cork & Seal	USA	Packaging	62.6	..
40	57.1	Canon	Japan	Electronics	48.4	52.8
41	56.8	Siemens	Germany	Electronics	..	56.7
42	56.7	Sony	Japan	Electronics	..	61.0
43	56.3	Royal Dutch Shell	Neths/UK	Petroleum	60.3	57.8
44	56.2	Motorola	USA	Electronics	58.0	55.3
45	55.7	Volkswagen Group	Germany	Automobiles	..	48.3
46	55.3	Robert Bosch	Germany	Auto components	..	49.8
47	54.6	Cemex	Mexico	Const. materials	58.8	..
48	54.2	Johnson & Johnson	USA	Pharmaceuticals	67.1	50.7
49	54.0	Aventis	France	Pharmaceuticals	..	..
50	53.7	IBM	USA	Computers	51.1	52.6
51	53.7	Daimler–Chrysler	Germany	Automobiles	31.7	48.3
52	53.1	Hewlett–Packard	USA	Electronics	..	49.1
53	52.7	Royal Ahold	Netherlands	Retailing	69.9	19.2
54	51.7	Elf Aquitaine	France	Petroleum	43.5	..
55	51.6	Repsol	Spain	Petroleum	70.3	..
56	51.2	Texaco	USA	Petroleum	..	..
57	51.2	Mitsubishi Motors	Japan	Automobiles	27.6	..
58	49.1	Suez Lyonnaise des Eaux	France	Diversified/utility	..	68.2
59	48.9	Mannesmann	Germany	Telecomms/ engineering	..	44.9
60	46.2	Dow Chemical	USA	Chemicals	39.7	42.8
61	45.5	AES Corporation	USA	Utility	48.8	..
62	44.7	Peugeot	France	Automobiles	39.2	30.3
63	43.5	Usinor	France	Steel	47.4	34.9
64	43.3	Viag	Germany	Diversified	..	51.0
65	42.4	Veba Group	Germany	Diversified	27.1	37.7
66	41.3	Du Pont	USA	Chemicals	36.3	38.3
67	40.9	ENI Group	Italy	Petroleum	47.2	..
68	40.7	Nissan	Japan	Automobiles	..	..
69	40.4	Texas Utilities Co.	USA	Utility	42.5	39.2
70	40.3	Procter & Gamble	USA	Soaps/cosmetics	33.3	..
71	39.3	Matsushita	Japan	Electronics	19.2	49.5
72	38.4	Fujitsu	Japan	Electronics	36.2	38.6

	TNI				Foreign share of	
Rank	Index	Company	Country	Industry	Assets (%)	Empl. (%)
73	38.0	Telefonica	Spain	Telecomms	37.8	..
74	38.0	Hutchison Whampoa	Hong Kong	Diversified	..	50.9
75	36.7	General Electric	USA	Electronics	34.8	46.1
76	36.4	Metro	Germany	Retailing	37.7	32.4
77	36.1	Ford	USA	Automobiles	..	52.5
78	34.7	Carrefour	France	Retailing	36.5	..
79	34.2	Chevron	USA	Petroleum	49.4	25.8
80	34.0	Vivendi	France	Utility/media	..	..
81	33.4	Fiat	Italy	Automobiles	18.9	44.6
82	30.9	Toyota	Japan	Automobiles	36.3	6.3
83	30.7	General Motors	USA	Automobiles	24.9	40.8
84	29.8	Petroléos de Venezuela	Venezuela	Petroleum	16.9	..
85	29.7	Mitsubishi Corpn	Japan	Diversified	31.3	45.5
86	29.1	Mitsui & Co.	Japan	Diversified	30.6	..
87	28.4	Merck & Co.	USA	Pharmaceuticals	25.6	38.2
88	26.0	Marubeni Corpn	Japan	Trading	19.9	..
89	25.9	Lucent Technologies	USA	Electronics	22.4	23.5
90	25.8	Wal-Mart Stores	USA	Retailing	60.4	..
91	24.3	Edison International	USA	Electronics	23.1	..
92	23.3	Toshiba	Japan	Electronics	13.2	24.4
93	23.3	Atlantic Richfield	USA	Petroleum	..	..
94	22.9	RWE Group	Germany	Utility/diversified	19.0	..
95	19.8	Southern Company	USA	Utility	25.0	21.0
96	17.9	Hitachi	Japan	Electronics	16.0	..
97	16.1	Sumitomo Corpn	Japan	Trading	31.5	..
98	15.8	Nissho Iwai	Japan	Trading	23.6	..
99	13.7	Itochu	Japan	Trading	22.2	..
100	12.9	SBC Communications	USA	Telecomms	..	..

TNI-Index of transnationality. Represents the average of foreign assets to total assets, foreign sales to total sales and foreign employment to total employment.

Source: Calculated from UNCTAD, 2001: Table III.1

Quelle: Peter Dicken: 2003, 222ff.

3.2 Qualitative Betrachtung

Vertreter der Konvergenzthese nehmen an, dass sich die Organisationsformen transnationaler Unternehmen in Richtung eines einzelnen Modells annähern:

> The argument is, essentially, that technological and regulatory developments in the world economy have created a ´global surface´ on which a dominant organizational form will develop and inexorably wipe out less efficient competitors who are no longer protected by national or local barriers (Dicken: 2003, 221).

Solche Unternehmen wären dann tatsächlich als heimatlos zu bezeichnen, nationale Grenzen würden für sie keine Rolle mehr spielen. Obwohl eine Konvergenz zu einem einzigen Organisationsmodell in der Zukunft nicht vollkommen ausgeschlossen werden kann, sprechen derzeitige Anzeichen nicht für eine solche Entwicklung. Eine Untersuchung von Pauly und Reich ergab, dass nationale Unterschiede zwischen deutschen, japanischen und amerikanischen multinationalen Unternehmen nach wie vor bestehen:

> MNCs continue to diverge fairly systematically in their internal governance and long-term financing structures, in their approaches to research and development (R&D) as well as in the location of core R&D facilities, and in their overseas investment and intrafirm trading strategies (Pauly und Reich: 1997, 1)

Im Hinblick auf die zukünftige Entwicklung formuliert Dicken: „it would be extremely surprising if the distinctive nature of nationally based TNCs were to be replaced by a standardized, homogeneous form" (Dicken: 2003, 235).

3.3 Entwicklung eines Modells zu den Beziehungen zwischen Nationalstaat und TNU

Um die These der nationalstaatlichen Verankerung transnationaler Unternehmen weiter zu unterstützen, wird im Folgenden ein Modell entwickelt, das die individuellen nationalen Einflüsse veranschaulicht, denen jedes TNU unterliegt. Ausnahmefälle und individuelle Besonderheiten können in einem solch allgemeinen und generalisierenden Modell keine Berücksichtigung finden, daher beansprucht das

Modell keine Allgemeingültigkeit. Es soll lediglich generelle Beeinflussungs-möglichkeiten und Abhängigkeiten darstellen und wäre im Einzelfall an individuelle Gegebenheiten anzupassen.

Wie alle Firmen sind auch TNU über verschiedene Prozesse auf verschiedenen Ebenen in ihre nationale und internationale Umgebung eingebettet. Das Heimatland spielt dabei eine besondere Rolle:

> TNCs are ´produced´through an intricate process of embedding in which the cognitive, cultural, social, political and economic characteristics of the national home base play a dominant part [...] and the characteristics of that base continue to exert an influence on how firms behave as they develop international networks of operations (Dicken: 2003, 234f).

Faktoren wie Kultur, Nachfrage und Gesetzgebung in einem Nationalstaat beeinflussen wesentlich die Handlungsweisen des in ihm beheimateten TNU. Im internationalen Standortwettbewerb der Nationalstaaten passen sich diese zu einem gewissen Grad ebenfalls an die Bedürfnisse von TNU an (z.B. Bereitstellung von Infrastruktur oder Steuererleichterungen). Staatliche Subventionen, ein Ausdruck des Standortwettbewerbes zwischen den Nationalstaaten, können sogar die Entscheidung eines TNU, sich überhaupt erst in einem bestimmten Land niederzulassen, bedingen. Diese wechselseitige Beeinflussung von TNU und Nationalstaat ist in Abbildung 1a dargestellt.

Abb. 1 a: Die wechselseitige Beeinflussung von Nationalstaat und Unternehmen

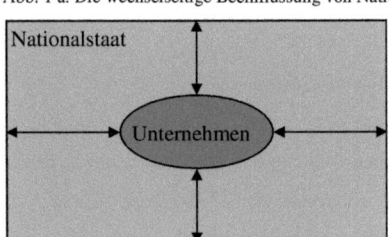

Nun agiert ein transnationales Unternehmen natürlich in einer Vielzahl von Ländern, die im Modell ergänzt werden müssen. Rein exemplarisch wird hier aus Gründen der einfachen Darstellung eine Anzahl von nur drei Gastländern gewählt (Abb. 1b). Wie wir bereits aus Tabelle 1 wissen, verfügen die Top 100 der TNU weltweit über einen durchschnittlichen TNI von 52,6. Die Auslandsaktivitäten teilen sich jedoch auf mehrere Länder auf, so dass üblicherweise kein einzelnes Gastland mehr Gewicht erhält als das Heimatland, in dem das TNU gegründet wurde. Da der Umfang der Aktivitäten von TNU in einzelnen Nationalstaaten stark variiert, kann für ein allgemeingültiges Modell keine Skalierung vorgenommen werden. Die Größenverhältnisse spiegeln daher lediglich die tendenziell größere Bedeutung des Heimatlandes und die variablen Bedeutung der Gastländer wieder. Auch die Nationalstaaten sind heutzutage über die internationale Politik miteinander vernetzt. Besonders deutlich wird dies in festen Bündnissen wie beispielsweise der Europäischen Union. Die Machtverhältnisse sind dabei sehr variabel, es handelt sich jedoch immer um eine wechselseitige Beziehung, die durch Doppelpfeile deutlich gemacht wird.

Abb. 1 b: Die Bedeutung des Heimatlandes und der Gastländer für das TNU in Größenrelation

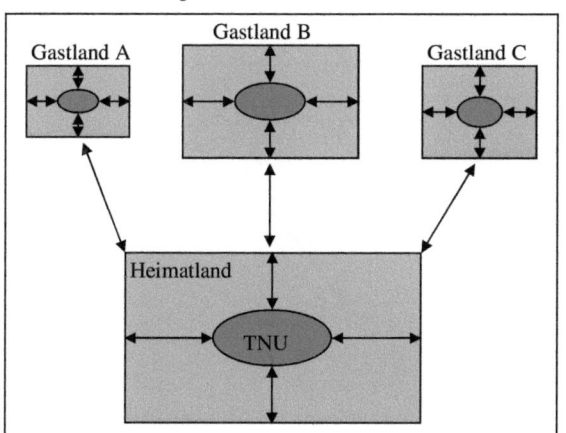

Unternehmenspraktiken und –philosophien aus dem Heimatland beeinflussen die Standorte in den Gastländern wesentlich. „A company's home-base engenders a wide range of pathdependencies and forms of *embeddedness*" (Tulder: 1999, 54). Es wäre jedoch eine simplifizierende Annahme, würde man davon ausgehen, dass die Standorte im Heimatland nicht auch von Erfahrungen in den Gastländern überprägt würden. Die Erfahrungen aus dem Heimatland bilden zwar die Grundlage für neue Standorte, müssen jedoch für jedes Gastland individuell angepasst oder sogar essentiell verändert werden.

> It is virtually impossible to transfer the whole package of firm advantages and practices to a different national environment. [...] What results therefore, is a varying mix of home-country and host-country influences (Dicken: 2003, 227).

Es findet also eine wechselseitige Beeinflussung statt. Da die Verankerung des TNU im Heimatland jedoch am stärksten ausgeprägt ist, beeinflusst dies die Standorte in den Gastländern am stärksten, während Lernprozesse in den Gastländern einen geringeren Einfluss auf die Standorte im Heimatland ausüben. Dies wird in Abbildung 1c durch die unterschiedlichen Pfeildicken veranschaulicht.

Abb.1c: Die wechselseitige Beeinflussung der Standorte eines transnationalen Unternehmens

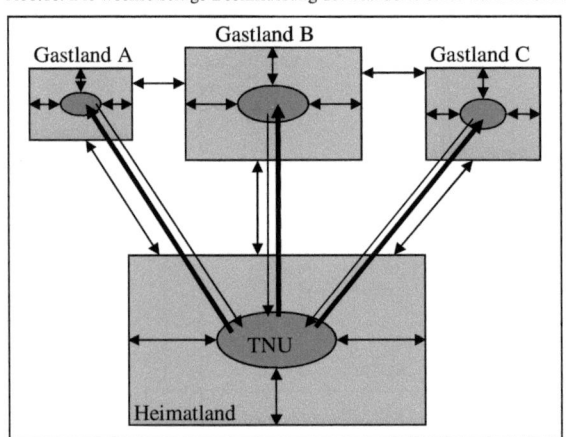

Durch die Mischung von Erfahrungen und Lernprozessen im Heimatland und den verschiedenen Gastländern vermischen sich auch die verschiedenen Handlungsweisen zu einem gewissen Grad. Zudem können sich die Standorte in verschiedenen Gastländern gegenseitig beeinflussen. So können beispielsweise Erkenntnisse über eine Vereinfachung des Produktionsablaufes, die in Gastland A gewonnen werden, indirekt — über eine Entscheidung im Heimatland als organisatorisches Zentrum — auf die anderen Standorte übertragen werden. Auch eine direkte Beeinflussung wäre denkbar, wenn beispielsweise ein Standort in einem Gastland als Zulieferer für einen Standort in einem anderen Gastland fungiert und die Dominanz der Unternehmenszentrale relativ schwach ausgeprägt ist. Eine solche Beeinflussung ist in der abschließenden Darstellung durch einen Pfeil zwischen Gastland A und B dargestellt (siehe Abb. 1d). Da das organisatorische Zentrum auch bei zunehmender Internationalisierung des Unternehmens üblicherweise jedoch im Heimatland verbleibt, ist eine indirekte Beeinflussung wahrscheinlicher.

Abb. 1d: Modell der wechselseitigen Beeinflussung zwischen Nationalstaaten und einem transnationalen Unternehmen

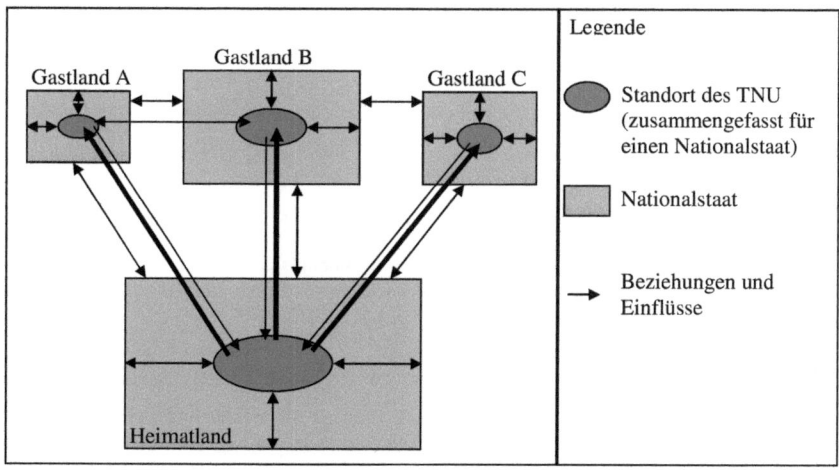

15

Zusammenfassend lässt sich zu dem hier entwickelten Modell betonen, dass eine wechselseitige Beeinflussung der national geprägten Standorte erfolgt. In mehreren Fallstudien fanden Wortmann et al. heraus, dass:

> die Hierarchiezentren keineswegs immer im Heimatland des jeweiligen Konzens [sic] angesiedelt sein müssen und die Linien der Hierarchie u.U. mehrfach nationale Grenzen überschreiten können (Wortmann et al., 2004: 181).

In diesen Fällen müsste das Modell entsprechend angepasst werden. Da der Heimatstandort jedoch bei den meisten TNU als Zentrum fungiert, ist das Modell geeignet die internationalen Verbindungen der überwiegenden Anzahl der TNU zu veranschaulichen.

3.4 Fallbeispiel BMW

Um die Veränderungen der Internationalisierung und den Stellenwert des Nationalstaates über die Zeit zu betrachten, begeben wir uns nun auf die Skala eines einzelnen TNU. Der Automobilhersteller BMW ist auf Rang 32, mit einem Wert von 60,9, das deutsche Unternehmen mit dem höchsten TNI (vgl. Tabelle 1) und wurde daher für diese Betrachtung ausgewählt. Das Fallbeispiel BMW ist insofern ein besonderes, als das der Konzern traditionell relativ stark an Deutschland, und hier insbesondere an Bayern, gebunden ist: „The company has a very strong base in Bavaria and is approximately 47 per cent owned by members of the Quandt family" (Coe et al.: 2004, 477).

> Von einem international vertreibenden, aber fast vollständig in Deutschland – und hier ausschließlich in Bayern – Mittel- und Oberklasse-Automobile produzierenden Unternehmen wandelte sich BMW in kürzester Zeit zu einem global agierenden *full sortiment producer* mit innovativen Nischenprodukten (Pries: 1999, 56).

BMW begreift sich heute daher zu Recht als *Global Player* und versteht die Globalisierung als zentrale Anforderung an Wirtschaft und Politik (vgl. Teltschik: 2000, 18). Ab 1972 begann BMW mit dem Werk in Rosslyn (Südafrika) ein weltweites Produktionsnetzwerk aufzubauen. Vor allem hohe Einfuhrzölle und

Imageaufwertung in den Gastländern stellen für BMW die Hauptgründe für die Internationalisierung der Produktion dar:

Die Akzeptanz vor Ort wird erhöht, die BMW Group wird zum „Local Player". Die BMW Group verfolgt diese Strategie vor allem in solchen Märkten, die durch hohe Einfuhrzölle den Import von fertigen Automobilen erschweren" (BMW AG: 2007, 4).

Zunächst war die Internationalisierung der Fertigung auf CKD-Montagewerke beschränkt (vgl. Tabelle 2). Um Einfuhrzölle zu sparen, werden dabei lediglich importierte Fahrzeugbausätze montiert und gegebenenfalls durch lokal produzierte Bauteile ergänzt, wenn ein gewisser Anteil von „Local Content" von der Regierung gefordert wird (BMW AG: 2007, 4).

Tabelle 2: Ausländische Montage-/ Produktionsstandorte BMW (nur Pkw)

Jahr	Land	Aktivität
1972	Südafrika/ Rosslyn	CKD-Montage, später Montage 3er- u. 5er-Klasse
1982	Österreich/ Steyr	F&E, Motorenfertigung
1994	England	Übernahme von Rover
1995	Indonesien	CKD-Montage 3er-, 5er-, 7er-Klasse
1995	Malaysia	CKD-Montage 3er-, 5er-Klasse
1995	Philippinen	CKD-Montage 3er-, 5er-Klasse
1995	Vietnam	CKD-Montage 3er-, 5er-Klasse
1995	Mexiko/ Toluca	CKD-Montage 3er-Klasse
1995	USA/ Spartanburg	Produktion 3er-Klasse und Roadster Z3
1996	Thailand	CKD-Montage 3er-, 5er-, 7er-Klasse
1997	Ägypten	CKD-Montage
1998/99	Indien	Montage
1999	Brasilien/ Campo Largo	Motorenwerk (mit Chrysler)
1999	Großbritannien/ Hams Hall	Motorenwerk (Rover)

Quelle: Pries: 1999, 55. CKD-Montage=Montage von Fahrzeugbausätzen (completely knocked down).

Im Jahre 1994 erfuhr die internationalisierung der Produktion mit der Übernahme der britischen Rover Gruppe und der Eröffnung des ersten vollwertigen Produktionsstandortes in Spartanburg (South Carolina) einen Schub (Pries: 1999,

55ff). Die Rovergruppe wurde jedoch 2000 aufgrund von Verlustgeschäften wieder abgestoßen. Nur die Marke MINI verblieb bei BMW. Der MINI wird seither (vermutlich auch aus Imagegründen) in Oxford produziert, die technische Entwicklung erfolgt jedoch in München (MINI Internetpräsenz).

Die geographische Verteilung der Umsätze von BMW hat sich seit 1994 diversifiziert und damit vom Heimatland Deutschland weg bewegt. Zwischen 1994 und 1996 sind die Umsätze in den Regionen Nordamerika und Asien-Pazifik gestiegen, während die Inlandsumsätze von 34% auf 28% gesunken sind (Schlenker: 2000, 77). Der Anteil der in Deutschland verkauften Pkw am Gesamtumsatz ist somit vergleichsweise niedrig und entwickelt sich stagnierend bis sinkend — „vom Absatz her kann BMW kein internationaleres Unternehmen sein" (Pries: 1999, 56).

Trotz der internationalen Entwicklung des Konzerns spielen nationalstaatliche Grenzen nach wie vor eine wichtige Rolle. So schreibt Schlenker: „Der internationale Produktionsverbund von BMW ist stark auf die beiden Heimatländer der Marken Deutschland (BMW) und Großbritannien (Rover) ausgerichtet" (Schlenker: 2000, 78). Nach dem Verkauf der Rovergruppe kann Großbritannien nicht mehr als zweites Heimatland der BMW-Group bezeichnet werden, im Hinblick auf die Fokussierung des Produktionsverbundes auf Deutschland kann die Aussage jedoch beibehalten werden, da sich hier nach wie vor ein Großteil der Produktionswerke befindet[4].

Auch die Forschung und Entwicklung von BMW wird vor allem im Heimatland Deutschland durchgeführt. Beinahe 90 % des FuE-Personals ist im Forschungs- und Ingenieurzentrum (FIZ) in München konzentriert (Schlenker: 2000, 78).

Die Hierarchiestruktur ist klar umrissen: „die Unternehmenszentrale in München steuert die Aktivitäten der BMW Group weltweit" (BMW Group Internetpräsenz).

---

[4] Eine graphische Darstellung des Produktionsnetzwerkes der BMW Group, in der ein quantitativer Fokus auf Deutschland deutlich wird, befindet sich im Anhang.

Wie die meisten TNU hat BMW also trotz weltweitem Vertrieb und Internationalisierung, vor allem in der Fertigung, eine eindeutige Heimat.

4. Fazit

Das Fallbeispiel hat gezeigt, dass BMW von dem Status eines heimatlosen Unternehmens weit entfernt ist und sich trotz Internationalisierungstendenzen zwar als „global player", aber dennoch als deutsches Unternehmen begreift. Auch im Allgemeinen wurden Aspekte aufgeführt, welche die transnationalen Unternehmen in Nationalstaaten verankern, darunter sowohl klar messbare Faktoren wie Subventionen und Steuern, als auch weniger fassbare Faktoren wie Kultur und Image.

Ohmae mag in der Theorie recht haben, dass eine voll ausgeprägte *Global Economy* keine Grenzen kennt und ihre Unternehmen folglich heimatlos sein könnten (vgl. Ohmae: 2002, 359). In der Realität ist davon zurzeit jedoch wenig zu sehen, und so kann von „heimatlosen Unternehmen" keine Rede sein. Auch für die Zukunft ist die massenhafte Erscheinung solcher Unternehmen zweifelhaft. In der Wirtschaftswelt hat sich durch die Globalisierung vieles verändert, die Nationalstaaten spielen jedoch nach wie vor eine entscheidende Rolle in dieser Welt.

5. Literaturverzeichnis

BMW AG. *Faszination Produktion: Weltweites Produktionsnetzwerk, flexibel, effizient, innovativ*. München: BMW Group, 2007. Online abgerufen am 15.01.2008 unter <http://www.bmwgroup.com/bmwgroup_prod/common/include/teaser/d/pdf/fasz_prod uktion.pdf>.

BMW Group Internetpräsenz. Online abgerufen am 6.12.2007 unter <www.bmwgroup.com>.

Coe, Neil M., Martin Hess, Henry Wai-chung Yeung, Peter Dicken und Jeffrey Henderson. „'Globalizing' regional development: a global production networks perspective". *Transactions of the Institute of British Geographers* 29 (2004): 468-484.

Dicken, Peter. *Global shift: reshaping the global economic map in the 21st century*. London (u.a.): Sage, 2003[4].

Hu, Yao-Su. "Global or Stateless Corporations Are National Firms with International Operations". *California Management Review* 34 (1992): 107-126.

Lemper, Alfons. *Globalisierung des Wettbewerbs und Spielräume für eine nationale Wirtschaftspolitik*. Bremen: Institut für Weltwirtschaft und internationales Management, 1994.

Mense-Petermann, Ursula. „Transnationale Kulturalität: Ein konzeptioneller Vorschlag zum Problem der Sozialintegration transnationaler Konzerne am Beispiel der Automobilindustrie". *Und es fährt und fährt... Automobilindustrie und Automobilkultur am Beginn des 21. Jahrhunderts*. Hg. Gert Schmidt, Holger Bungsche, Thilo Heyder und Matthias Klemm. Berlin: Sigma, 2005. 174-200.

Messner, Dirk. "Regions in the 'world economic triangle' ". *Local Enterprises in the Global Economy: Issues of Governance and Upgrading*. Hg. H. Schmitz. Cheltenham: Edward Elgar, 2004. 20-52.

MINI Internetpräsenz. „Produktion". Herausgegeben von der BMW Group. Online abgerufen am 15.01.2008 unter <http://www.mini.de/de/de/manufacturing/index.jsp>.

Ohmae, Kenichi. *Was kommt nach der Globalisierung?* Berlin: Econ, 2002.

Pauly, Louis W. und Simon Reich. "National structures and multinational behaviour: enduring differences in the age of globalization". *International Organization* 51.1 (1997): 1-30.

Pries, Ludger. *Auf dem Weg zu global operierenden Konzernen? BMW, Daimler Benz und Volkswagen: Die Drei Großen der deutschen Automobilindustrie*. München und Mering: Rainer Hampp Verlag, 1999.

Schlenker, Frederik. *Internationalisierung von F&E und Produktentwicklung: Das Beispiel der Automobilindustrie*. Wiesbaden: Deutscher Universitätsverlag, 2000.

Suntum, Ulrich van. „Effektive Wirtschaftspolitik der Nationalstaaten in der Globalisierung". *Wirtschafts- und Beschäftigungspolitik in der Globalisierung: Spielräume regionaler, nationaler und internationaler Akteure*. Hg. Axel Sell und Maren Wiegand-Kottisch. Hamburg: LIT, 2007.

Teltschik, Horst. „Wettbewerbsfähigkeit in Zeiten der Globalisierung: die Sicht der BMW-Group". *Perspektiven Wirtschaft 2000: Währung, Arbeit, Wettbewerb.* Hg. F.J. Radermacher. Ulm: Universitätsverlag Ulm, 2000.

Tulder, Rob van. „Rival Internationalisation Trajectories: The national and regional embeddedness of core firms' internationalisation strategies". *Global Players in lokalen Bindungen.* Hg. Andrea Eckardt, Holm-Detlev Köhler und Ludger Pries. Berlin: Sigma, 1999. 53-79.

Whitley, Richard. „Internationalization and varieties of capitalism: the limited effects of cross-national coordination of economic activities on the nature of business systems". *Review of International Political Economy* 5.3 (1998): 445-481.

Wortmann, Michael, Christoph Dörrenbacher, Ulrich Bochum und Klaus Peter Kisker. „Globalisierung und internationale Mobilität deutscher Industrieunternehmen". Abschlussbericht an die Deutsche Forschungsgemeinschaft, Schwerpunkt 197, „Regulierung und Restrukturierung der Arbeit in den Spannungsfeldern von Globalisierung und Dezentralisierung"online abgerufen am 27.11.2007 unter www.wzb.eu/ow/into/pdf/wortmann_etc2004.pdf.

Anhang

Das Produktionsnetzwerk von BMW

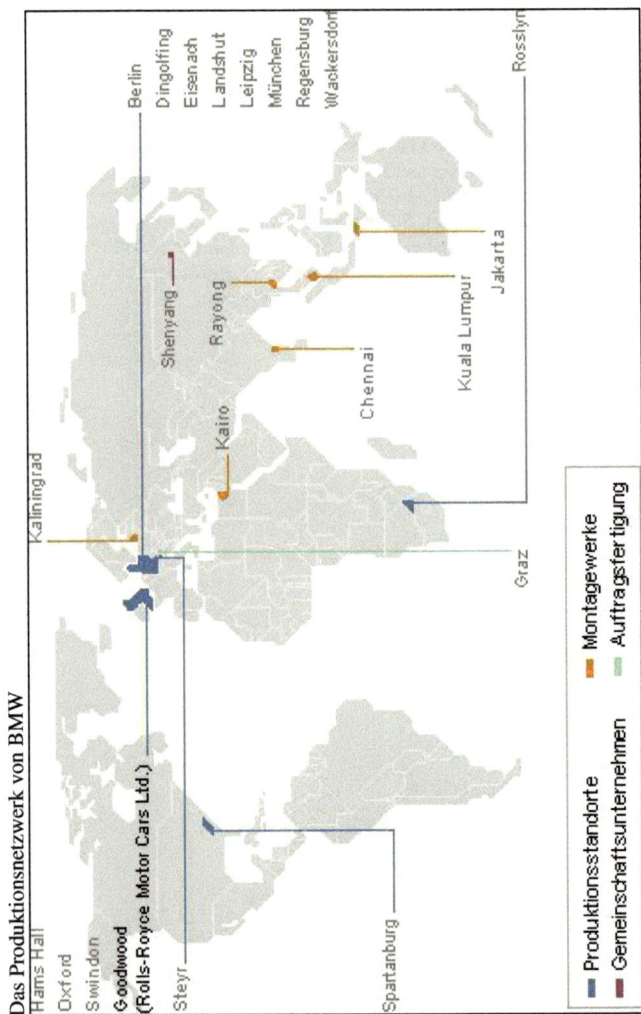

Quelle: BMW Group Internetpräsenz, Stand 2007.
<http://www.bmwgroup.com/d/nav/index.html?../0_0_www_bmwgroup_com/home/home.html&source=overview>

.